BEI GRIN MACHT SICH IHR WISSEN BEZAHLT

- Wir veröffentlichen Ihre Hausarbeit,
  Bachelor- und Masterarbeit

- Ihr eigenes eBook und Buch -
  weltweit in allen wichtigen Shops

- Verdienen Sie an jedem Verkauf

Jetzt bei www.GRIN.com hochladen und kostenlos publizieren

Felix Kasten

Wahrscheinlichkeiten großer Abweichungen normalverteilter Zufallsvektoren

Mathematisches Seminar in der Integral- Asymptotik

GRIN Verlag

Bibliografische Information der Deutschen Nationalbibliothek:

Die Deutsche Bibliothek verzeichnet diese Publikation in der Deutschen National-
bibliografie; detaillierte bibliografische Daten sind im Internet über http://dnb.d-
nb.de/ abrufbar.

Impressum:

Copyright © 2012 GRIN Verlag GmbH
Druck und Bindung: Books on Demand GmbH, Norderstedt Germany
ISBN: 978-3-656-37157-1

Dieses Buch bei GRIN:

http://www.grin.com/de/e-book/209479/wahrscheinlichkeiten-grosser-abweichungen-
normalverteilter-zufallsvektoren

GRIN - Your knowledge has value

Der GRIN Verlag publiziert seit 1998 wissenschaftliche Arbeiten von Studenten, Hochschullehrern und anderen Akademikern als eBook und gedrucktes Buch. Die Verlagswebsite www.grin.com ist die ideale Plattform zur Veröffentlichung von Hausarbeiten, Abschlussarbeiten, wissenschaftlichen Aufsätzen, Dissertationen und Fachbüchern.

Besuchen Sie uns im Internet:

http://www.grin.com/

http://www.facebook.com/grincom

http://www.twitter.com/grin_com

Universität Rostock

Sommersemester 2012

Mathematisch- Naturwissenschaftliche Fakultät

Institut für Mathematik

Mathematisches Seminar - Integral - Asymptotik

Thema 08:

Wahrscheinlichkeiten großer Abweichungen normalverteilter Zufallsvektoren

Ausarbeitung von Felix Kurt Kasten

Studiengang: Lehramt Mathematik und Chemie für Gymnasien
14.05.2012

Inhaltsverzeichnis

1 Einleitung

In den vorangegangenen Ausarbeitungen bzw. Referaten wurden die asymptotische Darstellung, Entwicklung, Skala und Gleichheit neben den Landauschen Symbolen eingeführt. Daran schloss sich die Behandlung des Lemmas von Watson und seine Anwendungen an. Dabei wurde die Laplace- Methode für Randmaxima und innere Maxima im ein- und mehrdimensionalen Raum herausgearbeitet. Nachdem die Theorien erörtert wurden und Beispiele für große Abweichungen für Wahrscheinlichkeiten eindimensionaler Zufallsvariablen als Konsequenz der Anwendung der Laplace- Methode gegeben wurden, ist nun Ziel dieser Ausarbeitung, Beispiele für große Abweichungen normalverteilter Zufallsvektoren zu geben.

2 Grundlegende Begriffsbildung und Hilfsmittel

Bevor zu den Beispielen für Wahrscheinlichkeiten großer Abweichungen normalverteilter Zufallsvektoren vorangeschritten wird, sollten zuvor einige Begrifflichkeiten geklärt werden. Dieses Kapitel dient lediglich der Wiederholung oder kurzen Einführung wesentlicher Begriffe und soll im Rahmen dieser Seminarausarbeitung nicht ausführlich behandelt werden.

2.1 Mehrdimensionale Normalverteilung

Im vorangegangenen Seminar bzw. in der vorangegangenen Ausarbeitung wurden die Wahrscheinlichkeiten großer Abweichungen normalverteilter Zufallsvariablen unter anderem thematisiert. Nun betrachtet man in dieser Thematik allerdings nicht die eindimensionale sondern die mehrdimensionale Normalverteilung. Die mehrdimensionale Normalverteilung sollte auch kurz beschrieben werden, da einige Teilnehmer des Seminars nicht über die Einführungsveranstaltung in die Wahscheinlichkeitsrechnung hinaus, weitere vertiefende Veranstaltungen in ihrem Studium absolviert haben und somit die mehrdimensionale Normalverteilung an sich nicht kennen gelernt haben.

Zuerst soll der Begriff des normalverteilten Zufallsvektors definiert werden.

Definition 1. *Ein Zufallsvektor* $X : \Omega \to \mathbb{R}^n, X = (x_1, x_2, \ldots, x_n)^T$ *heißt* n-*dimensional normalverteilt, wenn für jedes* $a \in \mathbb{R}^n$ *die Zufallsvariable* $a^T X = \Sigma_{i=1}^n a_i x_i$ *eindimensional normalverteilt ist [vgl. 7, S. 10].*

Insbesondere trifft das zu, wenn jede Komponente normalverteilt ist.

Die Normalverteilung spielt in der Statistik eine bedeutende Rolle, nicht zuletzt weil sie die Grenzverteilung des zentralen Grenzwertsatzes im Eindimensionalen, sondern auch im Mehrdimensionalen, darstellt. Für die mehrdimensionale Normalverteilungen empfielt sich die Darstellung in vektorieller Form.

Insgesamt ergibt sich für den Zufallsvektor folgende Wahrscheinlichkeitsdichte:

$$p(X) = \frac{1}{(2\pi)^{\frac{n}{2}}} \frac{1}{\sqrt{det(B)}} e^{-\frac{1}{2}(x-\mu)^T B^{-1}(x-\mu)},$$

und folglich gilt für einen Zufallsvektor, dessen Komponenten sogar statistisch unabhängig sind eben die folgende Wahrscheinlichkeitsdichte:

$$p(X) = \frac{1}{(2\pi)^{\frac{n}{2}}} \frac{1}{\sqrt{\Pi_{i=0}^n \sigma_i^2}} e^{-\frac{1}{2}(x-\mu)^T B^{-1}(x-\mu)},$$

wobei $\mu = [\mu_1, \mu_2, \mu_3, \ldots, \mu_n]^T$ den Erwartungswert und $B = Cov(X)$ die Kovarianzmatrix von X (Zur Erinnerung: $Cov(x_i, x_j) = E(x_i - \mu_i)(x_j - \mu_j)$) darstellt [vgl. 11, S.9]. Die Kovarianzmatrix hat folgende Gestalt:

$$B = \begin{pmatrix} Cov(x_1, x_1) & \ldots & Cov(x_1, x_n) \\ \ldots & \ldots & \ldots \\ Cov(x_n, x_1) & \ldots & Cov(x_n, x_n) \end{pmatrix} = \begin{pmatrix} Var(x_1) & \ldots & Cov(x_1, x_n) \\ \ldots & \ldots & \ldots \\ Cov(x_n, x_1) & \ldots & Var(x_n) \end{pmatrix}$$

(kleine Anmerkung: Man verlangt von der Matrix B also die Invertierbarkeit. Ist diese nur schwer zu errechnen, so sollte man sich numerischen Methoden wie die Berechnung einer Pseudoinversen bedienen. Die Pseudoinverse einer Matrix ist die Verallgemeinerung der Inversen einer Matrix. Für reguläre Matrizen, wie es spd- Matrizen sind, stimmen Inverse und Pseudoinverse überein.) Es gilt sogar folgender Zusammenhang:

Satz 1. *Sei X n- dimensional normalverteilt. Die Komponenten $x_1, \dots, x_n$ sind genau dann unabhängig, wenn die $Cov(X)$ Diagonalgestalt hat.*

Beweis:

Sei B die Kovarianzmatrix $Rg(B) = n$, so ist

$$B = \begin{pmatrix} \sigma_1^2 & 0 & \dots & 0 \\ 0 & \sigma_2^2 & 0 & \dots \\ \dots & \dots & \dots & \dots \\ 0 & \dots & 0 & \sigma_n^2 \end{pmatrix}$$

mit $\sigma_i^2 > 0$ für alle $i = 1, \dots, n$ und

$$B^{-1} = \begin{pmatrix} \frac{1}{\sigma_1^2} & 0 & \dots & 0 \\ 0 & \frac{1}{\sigma_2^2} & 0 & \dots \\ \dots & \dots & \dots & \dots \\ 0 & \dots & 0 & \frac{1}{\sigma_n^2} \end{pmatrix}.$$

Mit der Definition der n- dimensionalen Normalverteilung folgt, dass die Verteilung von X der Gestalt

$$f(x) = \frac{1}{\sqrt{(2\pi)^n}\sqrt{\sigma_1^2 \dots \sigma_n^2}} e^{-\frac{1}{2}\Sigma_{i=1}^n \frac{(x_i - \mu_i)^2}{2\sigma_i^2}}$$

$$= \Pi_{i=1}^n \frac{1}{\sqrt{2\pi\sigma_i^2}} e^{-\frac{1}{2}\frac{(x_i - \mu_i)^2}{2\sigma_i^2}}$$

ist. Da die Dichte in ein Produkt von Wahrscheinlichkeitsdichten zerfällt, sind damit $x_1, \dots, x_n$ stochastisch unabhängig. q.e.d. [vgl. 7, S. 12].

In den Vorangegangenen Absätzen trat oftmals im Exponenten der Term $(x - \mu)^T B^{-1}(x - \mu)$ auf. Dieser Term stellt eine wesentliche Bestimmungsgröße dar. Eine Matrix A heißt positiv definit wenn $y^T A y$ mit $y \in \mathbb{R}^n$ und $A \in \mathbb{R}^{n \times n}$ für alle $x \neq 0$. Da für B vorrausgesetzt wird, dass sie positiv definit ist, ist auch B^{-1} positiv definit [vgl. 11, S. 9]. Also gilt für den relevanten Ausdruck

$$(x - \mu)^T B^{-1}(x - \mu) > 0.$$

Insbesondere lässt sich nun betrachten, für welche x der betrachtete Term einen festen Wert annimmt. Diese Isodensiten oder Höhenlinien sind diejenigen Kurven, die dieselbe Dichte besitzen. Für die Normalverteilung sind die Isodensiten Ellipsoide, die bestimmt werden durch

$$(x - \mu)^T B^{-1}(x - \mu) > c^2$$

wobei c eine beliebige Konstante ist. Dafür sollen kurz ein paar Beispiele angeführt werden.
Beispiel: Mit $X = (x_1, x_2)^T, \sigma_i^2 = Var(x_i), \rho = \rho(x_1, x_2)$ ist

$$B = \begin{pmatrix} \sigma_1^2 & \rho\sigma_1\sigma_2 \\ \rho\sigma_1\sigma_2 & \sigma_2^2 \end{pmatrix}$$

und

$$B^{-1} = \begin{pmatrix} \frac{1}{\sigma_1^2(1-\rho^2)} & -\frac{1}{\sigma_1\sigma_2(1-\rho^2)} \\ -\frac{1}{\sigma_1\sigma_2(1-\rho^2)} & \frac{1}{\sigma_2^2(1-\rho^2)} \end{pmatrix}.$$

Die Korrelation beschreibt eine Beziehung zwischen zwei oder mehreren Merkmalen oder Ereignissen, sodass diese sich gegenseitig beeinflussen. Durch Einsetzen ergibt sich dann

$$f(x_1, x_2) = \frac{1}{2\pi\sigma_1\sigma_2\sqrt{1-\rho^2}}e^{\frac{1}{2(1-\rho^2)}[(\frac{x_1-\mu_1}{\sigma_1})^2-2\rho(\frac{x_1-\mu_1}{\sigma_1})(\frac{x_2-\mu_2}{\sigma_2})+(\frac{x_2-\mu_2}{\sigma_2})^2]}.$$

Auf den folgenden Seiten seien zur Veranschaulichung zweidimensionale Normalverteilungen abgebildet, dei denen die Auswirkung einer stochhastischen Abhängigkeit (Korrelation) dargestellt werden.

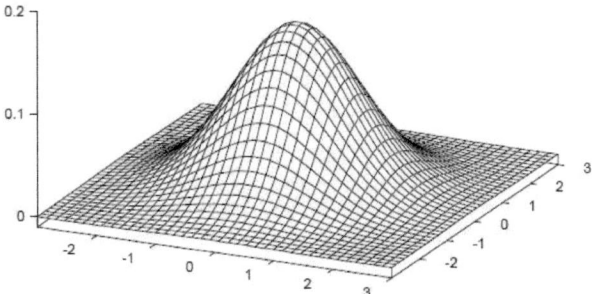

Abbildung 1: Zweidimensionale Normalverteilungsdichte für unkorrelierte Merkmale, $\rho = 0$, $\mu_1 = \mu_2 = 0$, $\sigma_1 = \sigma_2 = 1$ [vgl. 11, S. 11].

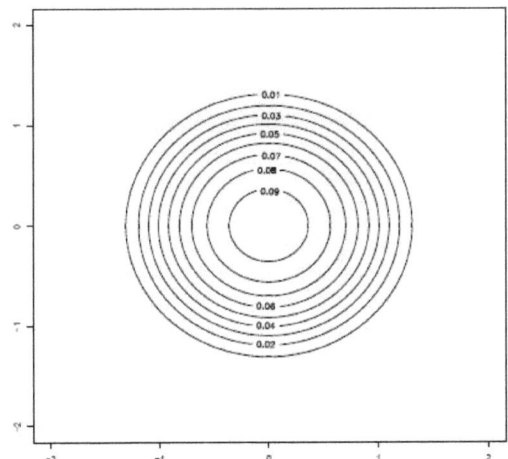

Abbildung 2: Höhenlinien für zweidimensionale Normalverteilungsdichte für unkorrelierte Merkmale, $\rho = 0$, $\mu_1 = \mu_2 = 0$, $\sigma_1 = \sigma_2 = 1$ [vgl. 11, S. 11].

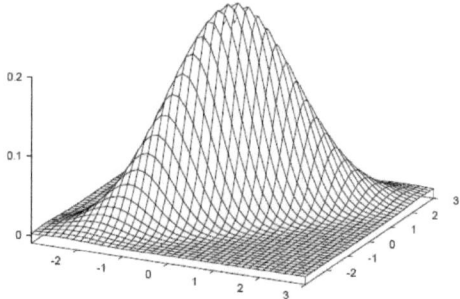

Abbildung 3: Zweidimensionale Normalverteilungsdichte, $\rho = 0,8$, $\mu_1 = \mu_2 = 0$, $\sigma_1 = \sigma_2 = 1$[vgl. 11, S. 12.].

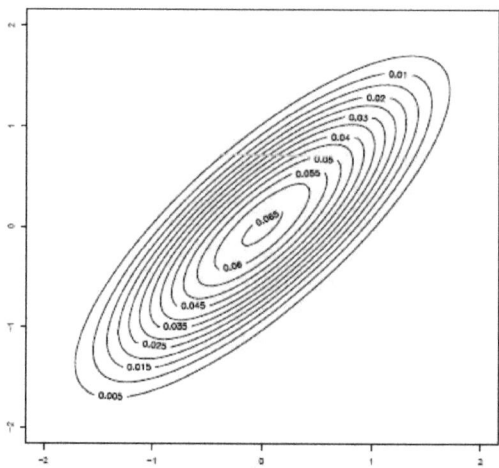

Abbildung 4: Höhenlinien für zweidimensionale Normalverteilungsdichte, $\rho = 0,8$, $\mu_1 = \mu_2 = 0$, $\sigma_1 = \sigma_2 = 1$[vgl. 11, S. 12].

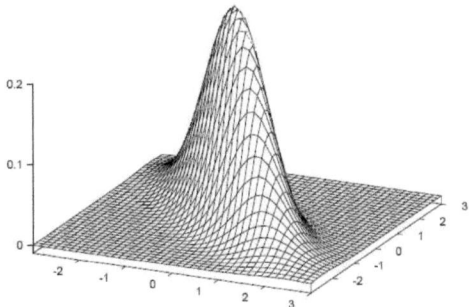

Abbildung 5: Zweidimensionale Normalverteilungsdichte, $\rho = -0,8$, $\mu_1 = \mu_2 = 0$, $\sigma_1 = \sigma_2 = 1$[vgl. 11, S. 13].

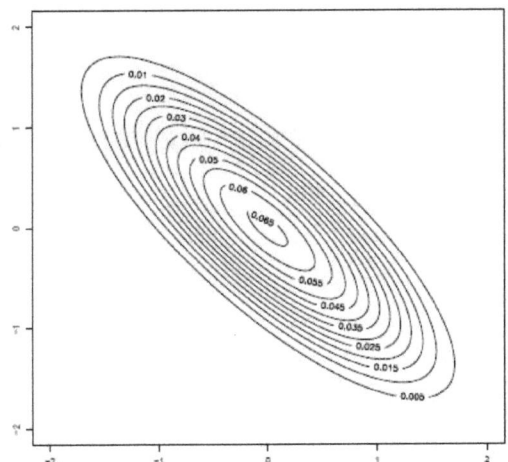

Abbildung 6: Höhenlinien für zweidimensionale Normalverteilungsdichte, $\rho = -0,8$, $\mu_1 = \mu_2 = 0$, $\sigma_1 = \sigma_2 = 1$[vgl. 11, S. 13].

Eine wesentliche und bedeutsame Eigenschaft der Normalverteilung ist, dass der Verteilungstyp bei linearen Transformationen erhalten bleibt. Wird ein normalverteilter p- dimensionaler Zufallsvektor $X \sim N(\mu, B)$ tranformiert zu $y = Ax + a$, wobei A eine feste $(q \times p)$- Matrix ist und a ein fester q- dimensionaler Vektor, so gilt für den q- dimensionalen Vektor $y \sim N(A\mu, ABA^T)$ [vgl. 11, S. 9f.]. Dies soll zum Einstieg in die mehrdimensionale Normalverteilung genügen. Bei weiteren Interesse sollte in der Fachlieratur nachgeschlagen werden.

2.2 Kugelkoordinaten

Bleibt noch auf die Kugelkoordinaten und die verallgemeinerten Kugelkoordinaten zu sprechen zu kommen, da diese in den kommenden Beispielen in Kapitel 3 benötigt werden. Die Kugelkoordinaten werden auch als sphärische Koordinaten bezeichnet und bestehen letztlich aus r, ϕ und θ. r bezeichnet dabei den Radiusvektor, θ den Winkel zwischen z- Achse und dem Vektor r und ϕ den Winkel zwischen der x- Achse und der Projektion von r auf die x-y-Ebene. Die Transformation von kartesischen Koordinaten und Kugelkoordinaten erfolgt in dargestellter Art und Weise:

$$r = \sqrt{x^2 + y^2 + z^2}$$

$$\phi = \begin{cases} arctan(\frac{y}{x}), & \text{wenn } x > 0 \\ sgn(y)\frac{\pi}{2}, & \text{wenn } x = 0 \\ arctan(\frac{y}{x}) + \pi, & \text{wenn } x < 0 \land y \geq 0 \\ arctan(\frac{y}{x}) - \pi, & \text{wenn } x < 0 \land y < 0. \end{cases}$$

$$\theta = arccos\frac{z}{\sqrt{x^2+y^2+z^2}} = arccos\frac{z}{r} = \frac{\pi}{2} - arctan\frac{z}{\sqrt{x^2+y^2}}$$

Sei r der Ortsvektor von einem Punkt P und r_{xy} die senkrechte Projektion von r in die x-y-Ebene. Dann lässt sich dies anschaulich erklären. Der Radius r ist der Abstand des Punktes P vom Koordinatenursprung O, also die Länge des Vektors r. ϕ ist der Winkel zwischen der positiven x-Achse und r_{xy}. Er nimmt nur Werte zwischen $-\pi$ und π an, d.h. zwischen $-180°$ und $180°$. θ hingegen bezeichnet den Winkel zwischen der positiven x- Achse und r. θ nimmt Werte zwischen 0 und π an bzw. von $0°$ bis $180°$ [vgl. 3, S. 29f.].

Die lokalen Eigenschaften der Koordinatentransformation werden durch die Jacobi-Matrix beschrieben. FÅźr die Transformation von dreidimensionalen Kugelkoordinaten in kartesische Koordinaten lautet diese

$$J = \frac{\partial(x,y,z)}{\partial(r,\theta,\varphi)} = \begin{pmatrix} \sin\theta\cos\varphi & r\cos\theta\cos\varphi & -r\sin\theta\sin\varphi \\ \sin\theta\sin\varphi & r\cos\theta\sin\varphi & r\sin\theta\cos\varphi \\ \cos\theta & -r\sin\theta & 0 \end{pmatrix} ;$$

Die Determinante ist $det(J) = r^2 sin(\theta)$.

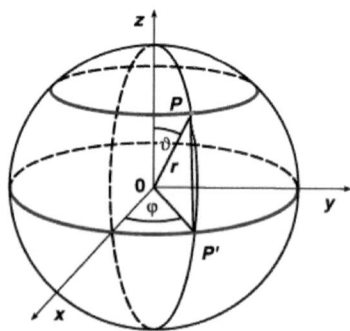

Abbildung 7: Veranschaulichung der Kugelkorrdinaten [vgl.2, S.29].

Die Rücktransformation gestaltet sich wie folgt

$$x = r\sin\theta\cos\phi \qquad y = r\sin\theta\sin\phi \qquad z = r\cos\theta$$

Zusätzlich wird die Determinante der inversen Matrix zu der obigen Jacobi- Matrix benötigt.

2.3 Verallgemeinerte Kugelkoordinaten

Eine Verallgemeinerung der Kugelkoordinaten auf n Dimensionen erfolgt in dargestellter Art und Weise: Seien $X = (x_1, \ldots, x_n) \in \mathbb{R}^n$ und $||x|| = \sqrt{x_1^2 + \cdots + x_n^2}$, also beschrieben im folgenden dieser Ausarbeitung $||.||$ die euklidische Norm (in Abgrenzung zu p- Normen, die später eingeführt werden), dann gilt für die verallgemeinerten Kugelkoordinaten:

$$x_1 = r \cos \phi_1$$
$$x_2 = r \sin \phi_1 \cos \phi_2$$
$$x_3 = r \sin \phi_1 \sin \phi_2 \cos \phi_3$$
$$\ldots$$
$$x_{n-1} = r \sin \phi_1 \ldots \sin \phi_{n-2} \cos \phi_{n-1}$$
$$x_n = r \sin \phi_1 \ldots \sin \phi_{n-2} \sin \phi_{n-1}$$
$$1 \leq r < \infty$$
$$0 \leq \phi_i \leq \pi \text{ für } i = 1, \ldots, n-2$$
$$0 \leq \phi_{n-1} \leq 2\pi.$$

Es gilt:

$$r = ||x|| \leq R \Leftrightarrow R \geq r \geq 0$$
$$\phi_1, \ldots, \phi_{n-2} \in [0, \pi]$$
$$\phi_{n-1} \in [0, 2\pi]$$

Die Funktionaldeterminante ist:

$$|\frac{\partial(x_1, x_2, \ldots, x_n)}{\partial(r, \phi_1, \ldots, \phi_{n-1})}| = r^{n-1} \sin^{n-2}(\phi_1) \sin^{n-3}(\phi_2) \ldots \sin(\phi_{n-1}).$$

Letztlich lässt sich für Integral folgendes schreiben:

$$\int_{||x|| \leq R} \cdots \int g(\sqrt{x_1^2 + x_2^2 + \cdots + x_n^2}) dx_1 \ldots dx_n = \int_{S_1} \int_0^R g(r) r^{n-1} dr d0$$

wobei S_1 die Oberfläche der n-ten Einheitskugel und d0 die Integration bezüglich dieser Oberfläche bezeichnet. Für die Oberfläche der Einheitskugel gilt:

$$\int_{S_1} d0 = \frac{2\pi^{\frac{n}{2}}}{\Gamma(\frac{n}{2})}.$$

Also gilt für das Integral mit dem Satz von Fubini:

$$\int_{S_1} \int_0^R g(r) r^{n-1} dr d0 = 2 \frac{\pi^{\frac{n}{2}}}{\Gamma(\frac{n}{2})} \int_0^R r^{n-1} g(r) dr$$

[vgl. 10, S. 1].

2.4 Laplace- Methode angewendet auf mehrdimensionale Integrale

In den vorangegangenen Ausarbeitungen und Referaten wurde mehrfach die Laplace- Methode thematisiert. Die für diese Seminarausarbeitung relevante Aussagen sollen hier kurz angeführt werden. Es gelten folgende Bezeichnungen.

- Ω sein ein Gebiet, d.h. eine offene, zusammenhängende Menge im $\mathbb{R}^n$

- $\partial\Omega$ bezeichne den Rand des Gebietes Ω

- $C(\Omega)$ sei der Raum, der auf Ω definierten stetigen Funktionen

- $C^r(\Omega)$ sei der Raum, der auf Ω r-mal stetig differenzierbaren Funktionen ($r \geq 1$) [vgl. 13, S. 26].

Da es in der letzten Ausarbeitung um eindimansionale Laplace- Integrale ging, soll vorerst die Definition des mehrdimensionalen Laplace- Integrals beschrieben werden.

Definition 2. *Sei Ω ein beschänktes Gebiet im $\mathbb{R}^n$, $X = (x_1, \ldots, x_n) \in \mathbb{R}^n$. Ferner seien $S(x)$ eine auf $\overline{\Omega}$ definierte reellwertige Funktion, $f(x)$ eine auf $\overline{\Omega}$ definierte reell- oder komplexwertige Funktion sowie λ ein komplexer Parameter. Dann heißt das Integral*

$$F(\lambda) = \int_\Omega f(x)e^{\lambda S(x)}dx$$

n- dimensionales Laplace- Integral [vgl. 13, S. 31].

Im Folgenden seien die beiden wesentlichen Sätze über das Annehmen eines Maximums der Funktion $S(x)$ auf dem Gebiet $\overline{\Omega}$ im Inneren des Gebietes und in einem Randpunkt dessen zur Wiederholung (daher ohne Beweis) angeführt. Zunächst wird der Fall betrachtet, dass die Funktion $S(x)$ ihr Maximum im Inneren des betrachteten Gebietes annimmt.Dafür ist der Begriff des kritischen Punktes von Bedeutung.

Definition 3. *Sei $S(x) \in C^r(\Omega)$ mit $r \geq 2$ eine reellwertige Funktion. Ein Punkt x_0 heißt kritischer Punkt der Funktion $S(x)$, falls für den Gradienten von $S(x)$ an der Stelle x_0, $\nabla S(x_0) = (\frac{\partial S(x_0)}{\partial x_1}\vec{e}_1 + \cdots + \frac{\partial S(x_0)}{\partial x_n}\vec{e}_n)$, gilt: $\nabla S(x_0) = 0$. Der kritische Punkt heißt nichtentartet, wenn die Determinante der Hesse- Matrix ungleich 0 ist, also $det(\frac{\partial^2 S(x_0)}{\partial x_i \partial x_j}) \neq 0$ für $i,j = 1, \ldots, n$ [vgl. 13, S. 28].*

Nun wird eine asymptotische Integralauswertung im Falle eines inneren Maximumpunktes formuliert.

Satz 2. *Es sei $\Omega \subseteq \mathbb{R}^n$ ein beschränktes Gebiet. Ferner seien folgende Vorraussetzungen erfüllt:*

- $f(x), S(x) \in C(\overline{\Omega})$

- $max_{x\in\overline{\Omega}}S(x)$ *wird nur im Punkt $x^0 \in \Omega$ angenommen*

- $f(x), S(x) \in C^3(U)$, *wobei U eine hinreichend kleine Umgebung von x^0 bezeichnet*

- x^0 *ist nichtentarteter kritischer Punkt von $S(x)$.*

Dann gilt für das Integral $F(\lambda) = \int_\Omega f(x)e^{\lambda S(x)}dx$:

$$F(\lambda) \sim (2\pi)^{\frac{n}{2}}\lambda^{-\frac{n}{2}}(det(\frac{\partial^2 S(x)}{\partial x_i \partial x_j})|_{x=x^0})^{-\frac{1}{2}}e^{\lambda S(x^0)}f(x^0)$$

für $|\lambda| \to \infty$ und $\lambda \in S_\varepsilon$ [vgl. 13, S. 32 ff. / 4, S. 7ff.].

Nun sei das Maximum von $S(x)$ nicht im Inneren des Gebietes, sondern es ist auf dem Rand befindlich. Dabei ist die Forderung wichtig, dass die Maximumstelle x^0 nichtentartet ist. Dafür wird folgende Definition angefürt.

Definition 4. *Sei $S(x^0) = max_{x \in \overline{\Omega}} S(x)$ und $x^0 \in \partial\Omega$. Der Punkt x^0 heißt nichtentartete Randmaximumstelle, falls gilt:*

- $\frac{\partial S(x^0)}{\partial n} \neq 0$, *wobei n die Innennormale von $\partial\Omega$ bezeichnet*

- *die Matrix $M = \frac{\partial^2 S(x)}{\partial \xi_i \partial \xi_j})|_{x=x^0}$ ist negativ definit, wobei $\xi_1, \ldots, \xi_{n-1}$ die orthonormierte Basis der Tangentialebene an $\partial\Omega$ im Punkt x^0 ist [vgl. 13, S. 35].*

Der Satz über die asymptotische Integralauswertung im Falle eines Randmaximums lautet wie folgt.

Satz 3. *Sei $\Omega \subseteq \mathbb{R}^n$ ein beschränktes Gebiet. Ferner seien folgende Voraussetzungen erfüllt:*

- $f(x), S(x) \in C(\overline{\Omega})$

- $max_{x \in \overline{\Omega}} S(x)$ *wird nur im Punkt $x = x^0 \in \partial\Omega$ angenommen, also auf dem Rand des Gebietes*

- $f(x), S(x), \partial\omega \in C^3(U)$, *wobei U eine hinreichend kleine Umgebung von x^0 bezeichnet*

- x^0 *ist nichtentartete Randmaximumstelle.*

Dann gilt für das Integral $F(\lambda) = \int_\Omega f(x) e^{\lambda S(x)} dx$:

$$F(\lambda) \sim (2\pi)^{\frac{n-1}{2}} \lambda^{-\frac{n+1}{2}} (det(M))^{-\frac{1}{2}} (\frac{\partial S(x^0)}{\partial n})^{-1} e^{\lambda S(x^0)} f(x^0)$$

für $|\lambda| \to \infty$ und $\lambda \in S_\varepsilon$ [vgl. 13, S. 36ff. / 9, S. 8ff.].

3 Wahrscheinlichkeiten großer Abweichungen normalverteilter Zufallsvektoren

In der vorangegangenen Ausarbeitung bzw. im vorangegangenem Referat ging es um Beispiele für die Bestimmung von Quantilen statistischer Verteilungen basierend auf asymptotischen Aussagen. Die Laplace- Methode hat sich dabei als ein hervorragendes Hilfmittel herausgestellt. Es wurden eindimensionale Verteilungen betrachtet wie die Normalverteilung, Gammaverteilung, Weibullverteilung sowie die χ^2- Verteilung. Da die Normalverteilung eine besondere Stellung in der Statistik einnimmt, wie es in Kapitel 2 deutlich gemacht wurde und auch in Hinblick auf anschließende Referate (u.a. die p-verallgemeinerte Normalverteilung wird betrachtet), soll die mehrdimensionale Normalverteilung im Folgenden im Fokus dieser Arbeit stehen.

Sei im weiteren Verlauf der Ausarbeitung X ein n- dimensionaler, normalverteilter Zufallsvektor, dessen Kovarianzmatrix B regulär ist, d.h. invertierbar ist. Die Dichte des Zufallsvektors erschließt sich aus

$$f(x) = \frac{1}{\sqrt{(2\pi)^n det B}} e^{-\frac{1}{2}(x-\mu)^T B^{-1}(x-\mu)}$$

dabei ist μ wieder der Erwartungsvektor von X. Es ist ausreichend, wegen der Koordinatentransformation $X' = X - \mu$, im Folgendem nur den Fall $\mu = 0$ zu betrachten. Die nachstehenden Beispiele beschäftigen sich mit der asymptotischen Auswertung der Integrale

$$P(||X|| \geq \lambda) = \int_{||x|| \geq \lambda} f(x) dx = \frac{1}{\sqrt{(2\pi)^n det B}} \int_{||x|| \geq \lambda} e^{-\frac{1}{2} x^T B^{-1} x} dx.$$

Dabei werden unterschiedliche Kovarianzmatrizen betrachtet [vgl. 13, S.45].

3.1 Beispiel 1

Die Komponenten, also Zufallsvariablen, x_i für $i = 1, \ldots, n$ des Gaußvektors X seien unabhängig standardnormalverteilt. Die Kovarianzmatrix des Zufallsvektors ist gegeben durch

$$B = \begin{pmatrix} Cov(x_1, x_1) & \ldots & Cov(x_1, x_n) \\ \ldots & \ldots & \ldots \\ Cov(x_n, x_1) & \ldots & Cov(x_n, x_n) \end{pmatrix} = \begin{pmatrix} 1 & 0 & \ldots & 0 \\ 0 & 1 & 0 & \ldots \\ \ldots & \ldots & \ldots & 0 \\ 0 & \ldots & 0 & 1 \end{pmatrix}.$$

Das heißt mit anderen Worten, die Matrix enthält auf der Diagonalen die Varianzen der einzelnen Komponenten des Zufallsvektors. Da die Varianz das Quadrat der Standardabweichung und diese 1 beträgt (somit sind alle Elemente auf der Hauptdiagonalen nicht-negativ) und die einzelnen Zufallsvariablen unabhängig sind, sind alle weiteren Einträge 0 und es entsteht so die n-te Einheitsmatrix. Das betrachtete Integral hat dann folgende Gestalt:

$$P(||X|| \geq \lambda) = \frac{1}{\sqrt{(2\pi)^n}} \int_{||x|| \geq \lambda} e^{-\frac{1}{2}||x||^2} dx.$$

Durch die Variablensubstitution $x = \lambda x'$ ergibt sich folgende Darstellung des Integrals:

$$P(||X|| \geq \lambda) = \frac{1}{\sqrt{(2\pi)^n}} \lambda^n \int_{||x'|| \geq 1} e^{-\frac{1}{2}\lambda^2 ||x'||^2} dx'.$$

Betrachte die Funktion $S(x) = -\frac{1}{2}||x||^2$ genauer.

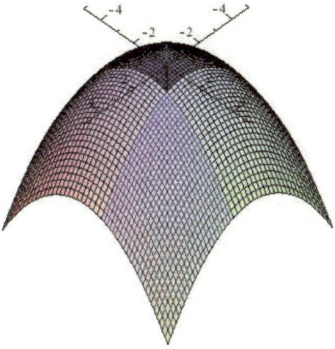

Abbildung 8: Veranschaulichung von $S(x,y) = -\frac{1}{2}(x^2 + y^2) = z$ mit $|x| > 1$ und $|y| > 1$.

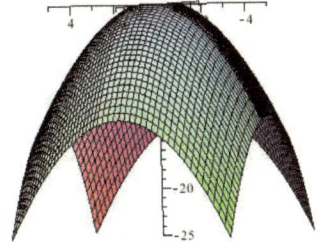

Abbildung 9: Veranschaulichung von $S(x,y) = -\frac{1}{2}(x^2 + y^2) = z$ mit $|x| > 1$ und $|y| > 1$ (andere Perspektive).

Es ist zu sehen, dass auf dem gesamten Einheitskreis das Maximum angenommen wird. Die Funktion ist zwar dreimal stetig differenzierbar dennoch soll an dieser Stelle noch einmal die gesamte Funktion dargestellt werden (darauf wird im Folgenden allerdings verzichtet). Das Auslassen des Einheitsquadrates gestaltet sich einfacher und für diesen Zweck auch als ausreichend.

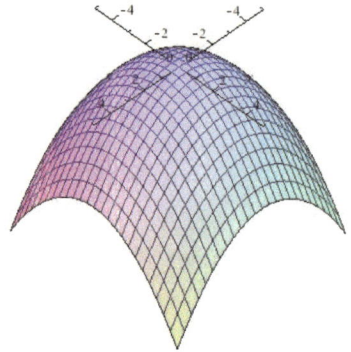

Abbildung 10: Veranschaulichung von $S(x,y) = -\frac{1}{2}(x^2 + y^2) = z$.

Im betrachteten Gebiet $||x'|| \geq 1$ nimmt die Funktion $S(x') = -\frac{1}{2}||x'||^2$ ihr Maximum auf der gesamten Oberfläche der n- ten Eineitskugel an. Nutze die verallgemeinerten Kugelkoordinaten.

Da $-\frac{1}{2}||x||^2 = -\frac{1}{2}r^2$ ist der Integrand bezüglich $\phi_1, \dots, \phi_{n-1}$ eine Konstante. Es gilt daher

$$P(||X|| \geq \lambda) = \frac{1}{\sqrt{(2\pi)^n}} \lambda^n \int_{S_1} \int_1^\infty e^{-\frac{1}{2}\lambda^2 r^2} r^{n-1} dr d0$$

wobei S_1 die Oberfläche der n-ten Einheitskugel und $d0$ die Integration bezüglich dieser Oberfläche bezeichnet. Für die Oberfläche der Einheitskugel gilt:

$$\int_{S_1} d0 = \frac{2\pi^{\frac{n}{2}}}{\Gamma(\frac{n}{2})}.$$

Also gilt folglich mit dem Satz von Fubini:

$$P(||X|| \geq \lambda) = \frac{1}{\sqrt{(2\pi)^n}} \lambda^n \frac{2\pi^{\frac{n}{2}}}{\Gamma(\frac{n}{2})} \int_1^\infty e^{-\frac{1}{2}\lambda^2 r^2} r^{n-1} dr.$$

Betrachte nun das innere Integral.

$$F(\lambda^2) = \int_1^\infty e^{-\frac{1}{2}\lambda^2 r^2} r^{n-1} dr.$$

Dies ist ist ein eindimensionales Laplace- Integral mit $f(r) = r^{n-1}$ und $S(r) = -\frac{1}{2}r^2$ und kann mit Hilfe der Laplace- Methode bzw. dem Satz für Randmaxima ausgewertet werden, denn die Voraussetzungen

- $f(r), S(r) \in C([1,\infty))$

- $max_{r \in [1,\infty)} S(r)$ wird nur im Punkt $r_0 = 1$ angenommen, denn $S'(r) = -r$

- $f(r), S(r) \in C^\infty([1,\infty))$, $S'(1) = -1 \neq 0$

- Da ein halboffenes Intervall vorliegt, betrachte Konvergenz des Integrals: für $\lambda_0 = 1$ gilt: $\int_1^\infty e^{-\frac{1}{2}r^2} r^{n-1} dr \leq \int_0^\infty e^{-\frac{1}{2}r^2} r^{n-1} dr = \frac{1}{2}\Gamma(\frac{n}{2}) < \infty.$

sind erfüllt (da diese Methode schon oftmals in den vorangegangenen Referaten bzw. Ausarbeitungen wiederholt wurde, wird an dieser Stelle darauf verzeichtet). Also gilt für $r_0 = 1$:

$$F(\lambda^2) \sim -\frac{f(r_0)e^{\lambda^2 S(r_0)}}{\lambda^2 S'(r_0)} = \frac{1}{\lambda^2}e^{-\frac{1}{2}\lambda^2} \text{ für } \lambda \to \infty.$$

Damit ergibt sich für die Wahrscheinlichkeit bzw. ergibt sich folgende asymptotische Gleichheit:

$$P(||x|| \geq \lambda) \sim \frac{1}{2^{\frac{n}{2}-1}\Gamma(\frac{n}{2})}\lambda^{n-2}e^{-\frac{1}{2}\lambda^2} \text{ für } \lambda \to \infty.$$

Für $n = 1$ ergibt sich der Spezialfall $X \sim N(0,1)$ mit

$$P(||X|| \geq \lambda) \sim \sqrt{\frac{2}{\pi}}\lambda^{-1}e^{-\frac{1}{2}\lambda^2} \text{ für } \lambda \to \infty$$

[vgl. 10, S. 5/ 13, S. 45f. und S.43f.]. Schumacher beschreibt in seiner Jahresarbeit [vgl. 13, S.43f.], dass die Wahrscheinlichkeit, dass die χ^2- verteilte Zufallsvariable X_{χ^2} einen Wert größer als λ annimmt, ist gleich der Wahrscheinlichkeit, dass ein n- dimensionaler normalverteilter Zufallsvektor X_N nicht in das Innere einer n- dimensionalen Einheitskugel um den Ursprung mit dem Radius $\sqrt{\lambda}$ fällt (hiermit ist eine Verbindung zur vorangegangenen Thematik gegeben). Das Resultat gestaltet sich wie folgt:

Satz 4. *Sei X ein n- dimensionaler Zufallsvektor. Die Komponenten von X, also x_i für $i = 1,\ldots,n$, sind unabhängig standardnormalverteilt. Dann gilt:*

$$P(||x|| \geq \lambda) = \frac{1}{\sqrt{(2\pi)^n}}\int_{||x||\geq\lambda} e^{-\frac{1}{2}||x||^2}dx$$

$$\sim \frac{1}{2^{\frac{n}{2}-1}\Gamma(\frac{n}{2})}\lambda^{n-2}e^{-\frac{1}{2}\lambda^2} \text{ für } \lambda \to \infty.$$

3.2 Beispiel 2

Nun geht man nicht mehr von einer Standardnormalverteilung aus. Die Komponenten x_i für $i = 1,\ldots,n$ des Gaußvektors X seien nun unabhängig $N(0,\sigma_i^2)$- verteilt. Das heißt, die Kovarianzmatrix ist wieder eine Diagonalmatrix. Diesmal aber mit Einträgen σ_i^2 auf der Diagonalen

$$B = \begin{pmatrix} \sigma_1^2 & 0 & \ldots & 0 \\ 0 & \sigma_2^2 & 0 & \ldots \\ \ldots & \ldots & \ldots & 0 \\ 0 & \ldots & 0 & \sigma_n^2 \end{pmatrix}.$$

Desweiteren wird angenommen, dass eine Komponente eine maximale Varianz aufweist. O. B. d. A. ist x_1 solche, d.h. $\sigma_1^2 > \sigma_i^2$ mit $i = 2,3,\ldots,n$.
Dann ist das betrachtete Integral der Form

$$P(||X|| \geq \lambda) = \frac{1}{\sqrt{(2\pi)^n}}(\sigma_1\sigma_2\ldots\sigma_n)^{-1}\int_{||x||\geq\lambda} e^{-\frac{1}{2}\Sigma_{i=1}^n \frac{x_i^2}{\sigma_i^2}}dx.$$

Durch die Variablensubstitution $x = \lambda x'$ ergibt sich folgende Darstellung des Integrals:

$$P(||X|| \geq \lambda) = \frac{1}{\sqrt{(2\pi)^n}}(\sigma_1\sigma_2\ldots\sigma_n)^{-1}\lambda^n\int_{||x'||\geq 1} e^{-\frac{1}{2}\lambda^2\Sigma_{i=1}^n \frac{x_i'^2}{\sigma_i^2}}dx'.$$

Betrachte nun die Funktion $S(x') = -\frac{1}{2}\Sigma_{i=1}^n \frac{x_i'^2}{\sigma_i^2}$.

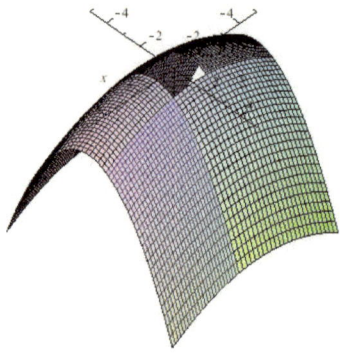

Abbildung 11: Veranschaulichung von $S(x,y) = -\frac{1}{2}(\frac{x^2}{9} + \frac{y^2}{2}) = z$ mit $|x| > 1$ und $|y| > 1$.

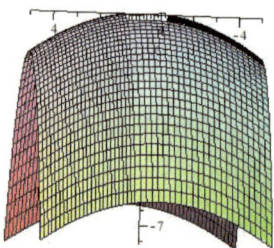

Abbildung 12: Veranschaulichung von $S(x,y) = -\frac{1}{2}(\frac{x^2}{9} + \frac{y^2}{2}) = z$ mit $|x| > 1$ und $|y| > 1$ (andere Perspektive).

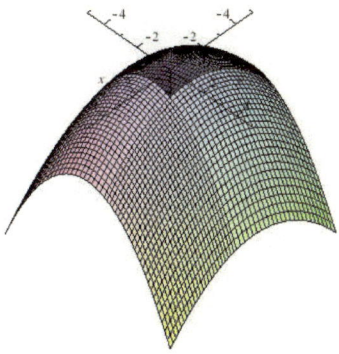

Abbildung 13: Veranschaulichung von $S(x,y) = -\frac{1}{2}(\frac{x^2}{3} + \frac{y^2}{1,5}) = z$ mit $|x| > 1$ und $|y| > 1$.

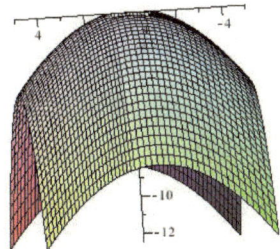

Abbildung 14: Veranschaulichung von $S(x,y) = -\frac{1}{2}(\frac{x^2}{3} + \frac{y^2}{1,5}) = z$ mit $|x| > 1$ und $|y| > 1$ (andere Perspektive).

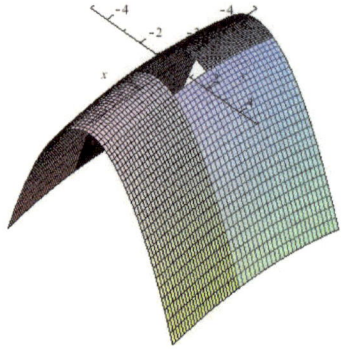

Abbildung 15: Veranschaulichung von $S(x,y) = -\frac{1}{2}(\frac{x^2}{20} + \frac{y^2}{1,5}) = z$ mit $|x| > 1$ und $|y| > 1$.

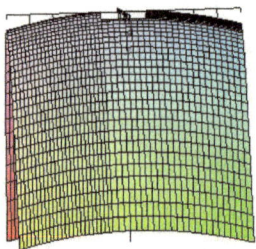

Abbildung 16: Veranschaulichung von $S(x,y) = -\frac{1}{2}(\frac{x^2}{20} + \frac{y^2}{1,5}) = z$ mit $|x| > 1$ und $|y| > 1$ (andere Perspektive).

Diese nimmt im Gebiet $||x'|| \geq 1$ ihr Maximum genau an den Stellen $(1,0,\ldots,0)$ und $(-1,0,\ldots,0)$ an. Aus Symmetriegründen leisten beide Maximumstellen den gleichen Beitrag zur Asymptotik des Integrals $P(||X|| \geq \lambda)$.

Sei $S(x) = -\frac{1}{2}\Sigma_{i=1}^{n} \frac{x_i^2}{\sigma_i^2}$ und $f(x) \equiv 1$. Dann ist:

$$\Omega = \{x \in \mathbb{R}^n, ||x|| > 1\}$$

und

$$\Omega_1 = \{x \in \mathbb{R}^n, ||x|| > 1, x_1 > 0\}$$

sodass

$$F(\lambda^2) = \int_{\Omega_1} f(x)e^{\lambda^2 S(x)}dx.$$

Es müssen die Voraussetzungen des Satzes von Randmaxima (Satz 3) überprüft werden. Dann folgt mit

- f(x), $S(x) \in C(\overline{\Omega_1})$

- $max_{\tilde{x} \in \overline{\Omega_1}} S(\tilde{x}) = S(x) \Leftrightarrow x = x_0(1, 0, \ldots, 0) \in \partial\Omega_1$

- $\frac{\partial S}{\partial n}(x_0) = \frac{\partial S}{\partial x_1}(1, 0, \ldots, 0) = -\frac{1}{\sigma_1^2} \neq 0$

Sei

$$M = (\frac{\partial^2 \tilde{S}(x)}{\partial x_i \partial x_j})_{i,j=2,\ldots,n}.$$

Dies dient zur Überprüfung, ob $x_0 = (1, 0, 0, \ldots, 0)$ eine nichtentartete Randmaximumstelle darstellt.

$$S(x_1, x_2, \ldots, x_n) = \tilde{S}(y_1, y_2) \text{ mit } y_1 = x_1 \text{ und } y_2 = (x_2, \ldots, x_n)$$

$$\tilde{S}(x_2, x_3, \ldots, x_n)|_{\partial\Omega} = -\frac{1}{2}\Sigma_{i=2}^n \frac{x_i^2}{\sigma_i^2} - \frac{1}{2}\frac{1}{\sigma_1^2}(\sqrt{1-(x_2^2 + \ldots x_n^2)})^2|_{x_1 \in \partial\Omega}$$

$$= -\frac{1}{2}\Sigma_{i=2}^n x_i^2(\frac{1}{\sigma_i^2} - \frac{1}{\sigma_1^2}) - \frac{1}{2}\frac{1}{\sigma_1^2}.$$

Betrachte im Folgenden die Komponenten des Gradienten:

$$\frac{\partial \tilde{S}(x_2, \ldots, x_n)}{\partial x_i}|_{i=2,\ldots,n} = -x_i(\frac{1}{\sigma_i^2} - \frac{1}{\sigma_1^2}).$$

Und nun die Komponenten der Hesse- Matrix:

$$\frac{\partial^2 \tilde{S}(x_2, \ldots, x_n)}{\partial x_i \partial x_j}|_{i,j=2,\ldots,n} = \begin{cases} -(\frac{1}{\sigma_i^2} - \frac{1}{\sigma_1^2}), & \text{für } i = j \\ 0, & \text{für } i \neq j \end{cases}$$

Dann gilt:

$$M = diag(-(\frac{1}{\sigma_2^2} - \frac{1}{\sigma_1^2}), -(\frac{1}{\sigma_3^2} - \frac{1}{\sigma_1^2}), \ldots, -(\frac{1}{\sigma_n^2} - \frac{1}{\sigma_1^2})) = diag((\frac{1}{\sigma_1^2} - \frac{1}{\sigma_2^2}), \ldots, (\frac{1}{\sigma_1^2} - \frac{1}{\sigma_n^2}).$$

Damit ist Matrix M negativ definit, da $\sigma_1 > \sigma_i$ für $i = 2, \ldots, n$. Und daraus resultiert $x_0 \in \partial\Omega$ ist nichtentartete Maximalstelle.

- $f(x), S(x), \partial\Omega \in C^3(U(x_0))$

- da ein halboffenes Intervall vorliegt: für $\lambda_0 = 1$ gilt: $F(\lambda_0^2) \leq \int_{\mathbb{R}^n} e^{-\frac{1}{2}\lambda_0^2 \Sigma_{i=1}^n \frac{x_i^2}{\sigma_i^2}} dx = (2\pi)^{\frac{n}{2}} \sigma_1 \sigma_2 \ldots \sigma_n < \infty$

Man kann also den Satz von Randmaxima anwenden:

$$F(\lambda^2) \sim -(\lambda^2)^{-\frac{n+1}{2}} (2\pi)^{\frac{n-1}{2}} e^{\lambda^2 S(x_0)} \left(\frac{\partial S(x_0)}{\partial n}\right)^{-1} (det(M))^{-\frac{1}{2}} f(x) \text{ für } \lambda \to \infty.$$

Betrachte $det(M)$:

$$det(M) = \frac{(\sigma_1^2 - \sigma_2^2)(\sigma_1^2 - \sigma_3^2)\ldots(\sigma_1^2 - \sigma_n^2)}{\sigma_1^{2(n-1)}\sigma_2^2\ldots\sigma_n^2}$$

und damit ist

$$(det(M))^{-\frac{1}{2}} = \frac{\sigma_1^{n-1}\sigma_2\ldots\sigma_n}{\sqrt{(\sigma_1^2 - \sigma_2^2)(\sigma_1^2 - \sigma_3^2)\ldots(\sigma_1^2 - \sigma_n^2)}}$$

Sei $f(x_0) = 1$

$$\frac{\partial S(x_0)}{\partial n} = -\frac{1}{\sigma_1^2}$$

$$\text{und } S(x_0) = \frac{1}{2\sigma_1^2}$$

Dann:

$$F(\lambda^2) \sim \lambda^{-(n+1)} (2\pi)^{\frac{n-1}{2}} e^{-\frac{\lambda^2}{2\sigma_1^2}} (-\sigma_1^2) det(M)^{-\frac{1}{2}} \text{ für } \lambda \to \infty$$

$$F(\lambda^2) \sim \lambda^{-(n+1)} (2\pi)^{\frac{n-1}{2}} e^{-\frac{\lambda^2}{2\sigma_1^2}} \frac{\sigma_1^{n+1}\sigma_2\ldots\sigma_n}{\sqrt{(\sigma_1^2 - \sigma_2^2)(\sigma_1^2 - \sigma_3^2)\ldots(\sigma_1^2 - \sigma_n^2)}} \text{ für } \lambda \to \infty.$$

Man bedenke an dieser Stelle nochmals, dass nur $f(x_0) = 1$ verwendet wurde. Dann gilt für die Wahrscheinlichkeit:

$$P(\|x\| \geq \lambda) = (2\pi)^{-\frac{n}{2}} (\sigma_1\sigma_2\ldots\sigma_n)^{-1} \lambda^n \int_\Omega f(x) e^{\lambda^2 S(x)} dx$$

Betrachte das Integral genauer:

$$\int_\Omega \cdots = 2 \int_{\Omega_1} \cdots$$

und damit gilt

$$P(\|x\| \geq \lambda) = (2\pi)^{-\frac{n}{2}} (\sigma_1\sigma_2\ldots\sigma_n)^{-1} \lambda^n 2 \int_{\Omega_1} f(x) e^{\lambda^2 S(x)} dx$$

$$= (2\pi)^{-\frac{n}{2}} (\sigma_1\sigma_2\ldots\sigma_n)^{-1} \lambda^n 2 F(\lambda^2)$$

$$\sim (2\pi)^{-\frac{n}{2}} (\sigma_1\sigma_2\ldots\sigma_n)^{-1} \lambda^n 2 \lambda^{-(n+1)} (2\pi)^{\frac{n-1}{2}} e^{-\frac{\lambda^2}{2\sigma_1^2}} \sigma_1^2 det(M)^{-\frac{1}{2}}$$

$$\sim (2\pi)^{-\frac{1}{2}} \frac{\sigma_1^n}{\sqrt{(\sigma_1^2 - \sigma_2^2)(\sigma_1^2 - \sigma_3^2)\ldots(\sigma_1^2 - \sigma_n^2)}} \lambda^{-1} 2 e^{-\frac{\lambda^2}{2\sigma_1^2}} \text{ für } \lambda \to \infty.$$

Als Ergebnis liegt dann folgende asymptotische Gleichheit vor:

$$P(\|x\| \geq \lambda) \sim \sqrt{\frac{2}{\pi}} \lambda^{-1} e^{-\frac{\lambda^2}{2\sigma_1^2}} \frac{\sigma_1^n}{\sqrt{(\sigma_1^2 - \sigma_2^2)(\sigma_1^2 - \sigma_3^2)\ldots(\sigma_1^2 - \sigma_n^2)}}$$

für $\lambda \to \infty$ [vgl. 10, S. 2f. / 13, S. 46ff.]. Es lässt sich also folgender Satz schreiben:

Satz 5. *Sei X ein n-dimensionaler Zufallsvektor. Die Komponenten von X, also x_i für $i = 1, \ldots, n$, sind unabhängig $N(0, \sigma_i^2)$-verteilt mit der Annahme, dass eine Komponente eine maximale Varianz aufweist. O. B. d. A. ist x_1 solche, d.h. $\sigma_1^2 > \sigma_i^2$ mit $i = 2, 3, \ldots, n$. Dann gilt:*

$$P(\|x\| \geq \lambda) = \frac{1}{\sqrt{(2\pi)^n}} (\sigma_1 \sigma_2 \ldots \sigma_n)^{-1} \int_{\|x\| \geq \lambda} e^{-\frac{1}{2} \Sigma_{i=1}^n \frac{x_i^2}{\sigma_i^2}} dx$$

$$\sim \sqrt{\frac{2}{\pi}} \lambda^{-1} e^{-\frac{\lambda^2}{2\sigma_1^2}} \frac{\sigma_1^n}{\sqrt{(\sigma_1^2 - \sigma_2^2)(\sigma_1^2 - \sigma_3^2) \ldots (\sigma_1^2 - \sigma_n^2)}} \quad \text{für } \lambda \to \infty.$$

Man kann sogar für $det(M)$ eine untere Grenze feststellen: Denn wenn $\sigma_i << \sigma_1$ und $\sigma_i > 0$ für $i = 2, \ldots, n$ dann strebt der Nenner $\sqrt{(\sigma_1 - \sigma_2) \ldots (\sigma_1 - \sigma_n)}$ gegen σ_1^{n-1}. Nach ober ist die Determinante allerdings nicht beschränkt (d.h. die σ_i sind nahe an σ_1 für $i = 2, \ldots, n$).

3.3 Beispiel 3

In diesem Beispiel seien die Komponenten x_i für $i = 1, \ldots, n$ des Gaußvektors X unabhängig $N(0, \sigma_i^2(\lambda))$-verteilt. die Varainzen können sich also in Abhängigkeit von λ verändern. Hierbei gelte für die Varianzen $\sigma_1^2(\lambda) > \sigma_i^2(\lambda)$ mit $i = 2, \ldots, n$. Dann ist die Kovarianzmatrix ebenfalls eine Diagonalmatrix mit den Varianzen auf der Diagonalen. Für die Wahrscheinlichkeit $P(\|X\| \geq \lambda$ erhalten wir ähnlich wie im Fallbeispiel 2

$$P(\|X\| \geq \lambda) = \frac{1}{\sqrt{(2\pi)^n}} (\sigma_1(\lambda) \sigma_2(\lambda) \ldots \sigma_n(\lambda))^{-1} \lambda^n \int_{\|x\| \geq 1} e^{-\frac{1}{2} \lambda^2 \Sigma_{i=1}^n \frac{x_i^2}{\sigma_i^2(\lambda)}} dx.$$

Die Funktion $S(x) = -\frac{1}{2} \Sigma_{i=1}^n \frac{x_i'^2}{\sigma_i^2(\lambda)}$ nimmt im Gebiet $\|x\| \geq 1$ für jedes λ ihr Maximum genau an den Stellen $(1, 0, \ldots, 0)$ und $(-1, 0, \ldots, 0)$ an. Gilt $\sigma_1^2(\lambda) - \delta > \sigma_i^2(\lambda)$ mit $i = 2, \ldots, n$ für ein $\delta > 0$ beliebig aber fest und δ ist unabhängig von λ, so ist das betrachtete Integral asymptotisch gleich der Summe der Beiträge der Umgebungen der Maximalstellen, der Beitrag des restlichen Gebietes hat dann die Ordnung $o(e^{\lambda S(y^0)})$. Analog zum Fallbeispiel 2 ergibt sich

$$P(\|x\| \geq \lambda) \sim \sqrt{\frac{2}{\pi}} \lambda^{-1} e^{-\frac{\lambda^2}{2\sigma_1(\lambda)^2}} \frac{\sigma_1(\lambda)^n}{\sqrt{(\sigma_1(\lambda)^2 - \sigma_2(\lambda)^2)(\sigma_1(\lambda)^2 - \sigma_3(\lambda)^2) \ldots (\sigma_1(\lambda)^2 - \sigma_n(\lambda)^2)}}$$

für $\lambda \to \infty$. Kann die Bedingung $\sigma_1^2(\lambda) - \delta > \sigma_i^2(\lambda)$ mit $i = 2, \ldots, n$ nicht erfüllt werden, so ist nicht klar, ob eine geeignete Umgebung der Maximalstellen gefunden werden kann, sodass die Bedingungen für die Anwendung der Laplace- Methode erfüllt sind. Dazu werden andere Methoden notwendig sein [vgl. 13, S. 51]. Es lässt sich also analog Satz 5 folgender Satz schreiben:

Satz 6. *Sei X ein n-dimensionaler Zufallsvektor. Die Komponenten von X, also x_i für $i = 1, \ldots, n$, sind unabhängig $N(0, \sigma_i(\lambda)^2)$-verteilt mit der Annahme, dass eine Komponente eine maximale Varianz aufweist. O. B. d. A. ist x_1 solche, d.h. $\sigma_1(\lambda)^2 > \sigma_i^2(\lambda)$ mit $i = 2, 3, \ldots, n$. Dann gilt:*

$$P(\|x\| \geq \lambda) = \frac{1}{\sqrt{(2\pi)^n}} (\sigma_1(\lambda) \sigma_2(\lambda) \ldots \sigma_n(\lambda))^{-1} \int_{\|x\| \geq \lambda} e^{-\frac{1}{2} \Sigma_{i=1}^n \frac{x_i^2}{\sigma_i(\lambda)^2}} dx$$

$$\sim \sqrt{\frac{2}{\pi}} \lambda^{-1} e^{-\frac{\lambda^2}{2\sigma_1(\lambda)^2}} \frac{\sigma_1(\lambda)^n}{\sqrt{(\sigma_1(\lambda)^2 - \sigma_2(\lambda)^2)(\sigma_1(\lambda)^2 - \sigma_3(\lambda)^2) \ldots (\sigma_1(\lambda)^2 - \sigma_n(\lambda)^2)}} \quad \text{für } \lambda \to \infty.$$

3.4 Beispiel 4

Seien die Komponenten x_i für $i = 1, \ldots, n$ des Gaußvektors X unabhängig, $N(0, \sigma_i^2)$- verteilt. Im Unterschied zu Beispiel 2 und 3 gelte jedoch $\sigma_1^2 = \sigma_2^2 = \cdots = \sigma_k^2 = \sigma^2 > \sigma_i^2$ mit $1 < k < n$ und $i = k + 1, k + 2, \ldots, n$. Die Kovarianzmatrix sieht dann wie folgt aus:

$$
B = \begin{pmatrix}
\sigma^2 & 0 & \cdots & \cdots & \cdots & \cdots & \cdots & \cdots & 0 \\
0 & \sigma^2 & 0 & \cdots & \cdots & \cdots & \cdots & \cdots & 0 \\
0 & 0 & \sigma^2 & 0 & \cdots & \cdots & \cdots & \cdots & \cdots \\
0 & \cdots & 0 & \sigma^2 & 0 & \cdots & \cdots & \cdots & 0 \\
\cdots & \cdots & \cdots & \cdots & \cdots & \cdots & \cdots & \cdots & \cdots \\
0 & \cdots & \cdots & \cdots & 0 & \sigma^2 & 0 & \cdots & 0 \\
\cdots & \cdots & \cdots & \cdots & \cdots & 0 & \sigma_{k+1}^2 & 0 & \cdots \\
\cdots & \cdots & \cdots & \cdots & \cdots & \cdots & \cdots & \cdots & \cdots \\
0 & \cdots & \cdots & \cdots & \cdots & \cdots & \cdots & 0 & \sigma_n^2
\end{pmatrix}
$$

Es gilt also:

$$
P(||x|| \geq \lambda) = \frac{1}{\sqrt{(2\pi)^n}} (\sigma^k \sigma_{k+1} \ldots \sigma_n)^{-1} \int_{||x|| \geq \lambda} e^{-\frac{1}{2}(\frac{1}{\sigma^2}\Sigma_{i=1}^k x_i^2 + \Sigma_{i=k+1}^n \frac{x_i^2}{\sigma_i^2})} dx
$$

Variablensubstitution $x = \lambda x'$:

$$
P(||x|| \geq \lambda) = \frac{1}{\sqrt{(2\pi)^n}} (\sigma^k \sigma_{k+1} \ldots \sigma_n)^{-1} \lambda^n \int_{||x'|| \geq 1} e^{-\frac{1}{2}\lambda^2(\frac{1}{\sigma^2}\Sigma_{i=1}^k x_i'^2 + \Sigma_{i=k+1}^n \frac{x_i'^2}{\sigma_i^2})} dx'.
$$

Bezeichne das Integral als I (und schreibe statt x' der Einfachheit wegen x). Das Integral lässt sich wegen $\sqrt{\Sigma_{i=1}^k x_i^2 + \Sigma_{i=k+1}^n x_i^2} \geq 1$ und daher wenn $c = \Sigma_{i=1}^k x_i^2 < \infty$ gilt, ist $c + \Sigma_{i=k+1}^n x_i^2 \geq 1 \Rightarrow 1 - c \leq \Sigma_{i=k+1}^n x_i^2$, wie folgt schreiben:

$$
I = \int_{\Sigma_{i=1}^k x_i < \infty} \cdots \int e^{-\frac{1}{2}\lambda^2 \frac{1}{\sigma}\Sigma_{i=1}^k x_i^2} \int_{\Sigma_{i=k+1}^n x_i^2 \geq 1 - \Sigma_{i=1}^k x_i^2} \cdots \int e^{-\frac{1}{2}\lambda^2 \Sigma_{i=k+1}^n \frac{x_i^2}{\sigma_i^2}} dx_{k+1} dx_{k+2} \ldots dx_n dx_1 dx_2 \ldots dx_k.
$$

Bezeichne nun

$$
g(\sqrt{\Sigma_{i=1}^k x_i^2}) = e^{-\frac{1}{2}\lambda^2 \frac{1}{\sigma}\Sigma_{i=1}^k x_i^2} \int_{\Sigma_{i=k+1}^n x_i^2 \geq 1 - \Sigma_{i=1}^k x_i^2} \cdots \int e^{-\frac{1}{2}\lambda^2 \Sigma_{i=k+1}^n \frac{x_i^2}{\sigma_i^2}} dx_{k+1} dx_{k+2} \ldots dx_n.
$$

Also ist:

$$
I = \int_{\Sigma_{i=1}^k x_i < \infty} \cdots \int g(\sqrt{\Sigma_{i=1}^k x_i^2}) dx_1 dx_2 \ldots dx_k.
$$

Nun gilt in verallgemeinerten Kugelkoordinaten:

$$
I = \int_{S1} \int_0^\infty g(r) r^{k-1} dr d0.
$$

Mittels dem Satz von Fubini und der Formel für die Integration bzgl. der Oberfläche der k-ten Einheitskugel folgt:

$$
I = 2 \frac{\pi^{\frac{k}{2}}}{\Gamma(\frac{k}{2})} \int_0^\infty g(r) r^{k-1} dr
$$

$$
= 2 \frac{\pi^{\frac{k}{2}}}{\Gamma(\frac{k}{2})} \int_{r^2 + \Sigma_{i=k+1}^n x_i^2 \geq 1 \text{ mit } r \geq 0} \cdots \int r^{k-1} e^{-\frac{1}{2}\lambda^2(\frac{r^2}{\sigma^2} + \Sigma_{i=k+1}^n \frac{x_i^2}{\sigma_i^2})} dr dx_{k+1} dx_{k+2} \ldots dx_n.
$$

Bezeichne das vorliegende Integral mit $F(\lambda^2)$. Seien $f(r, x_{k+1}, \ldots, x_n) = r^{k-1}$ und $f(x_0) = 1$. Dieses Integral erinnert an das Beispiel 2: es gilt mit $n \triangleq n - k + 1$:

$$F(\lambda^2) \sim \lambda^{-(n-k+2)}(2\pi)^{\frac{n-k+1-1}{2}} e^{-\frac{1}{2\sigma^2}\lambda^2} \frac{\sigma^{n-k+1+1}\sigma_{k+1}\sigma_{k+2}\cdots\sigma_n}{\sqrt{(\sigma^2 - \sigma_{k+1}^2)\ldots(\sigma^2 - \sigma_n^2)}} \quad \text{für } \lambda \to \infty$$

$$= \lambda^{n+k-2}(2\pi)^{\frac{n-k}{2}} e^{-\frac{1}{2\sigma^2}\lambda^2} \frac{\sigma^{n-k+2}\sigma_{k+1}\sigma_{k+2}\cdots\sigma_n}{\sqrt{(\sigma^2 - \sigma_{k+1}^2)\ldots(\sigma^2 - \sigma_n^2)}} \quad \text{für } \lambda \to \infty.$$

Daraus resultiert für die Wahrscheinlichkeit

$$P(\|X\| \geq \lambda) \sim 2^{\frac{-n}{2}}\pi^{\frac{-n}{2}}(\sigma^k\sigma_{k+1}\cdots\sigma_n)^{-1}\lambda^n\lambda^{-n+k-2}2^{\frac{n-k}{2}}\pi^{\frac{n-k}{2}}e^{-\frac{1}{2\sigma^2}\lambda^2}$$

$$\frac{\sigma^{n-k+2}\sigma_{k+1}\sigma_{k+2}\cdots\sigma_n}{\sqrt{(\sigma^2 - \sigma_{k+1}^2)\ldots(\sigma^2 - \sigma_n^2)}}2\pi^{\frac{k}{2}}\frac{1}{\Gamma(\frac{k}{2})} \quad \text{für } \lambda \to \infty$$

$$= 2^{1-\frac{k}{2}}\lambda^{k-2}\frac{\sigma^{n-2k+2}}{\sqrt{(\sigma^2 - \sigma_{k+1}^2)\ldots(\sigma^2 - \sigma_n^2)}}\frac{1}{\Gamma(\frac{k}{2})}e^{-\frac{1}{2\sigma^2}\lambda^2} \quad \text{für } \lambda \to \infty.$$

[vgl. 10, S. 3f. / 13, S. 48ff.] Formuliere das Gefundene als Satz.

Satz 7. *Sei X ein n- dimensionaler Zufallsvektor. Die Komponenten von X, also x_i für $i = 1, \ldots, n$, sind unabhängig $N(0, \sigma_i^2)$- verteilt mit der Annahme, dass $\sigma_1^2 = \sigma_2^2 = \cdots = \sigma_k^2 = \sigma^2 > \sigma_i^2$ mit $1 < k < n$ und $i = k+1, k+2, \ldots, n$. Dann gilt:*

$$P(\|x\| \geq \lambda) = \frac{1}{\sqrt{(2\pi)^n}}(\sigma^k\sigma_{k+1}\cdots\sigma_n)^{-1}\int_{\|x\| \geq \lambda} e^{-\frac{1}{2}(\frac{1}{\sigma^2}\Sigma_{i=1}^k x_i^2 + \Sigma_{i=k+1}^n \frac{x_i^2}{\sigma_i^2})}dx$$

$$\sim 2^{1-\frac{k}{2}}\lambda^{k-2}\frac{\sigma^{n-2k+2}}{\sqrt{(\sigma^2 - \sigma_{k+1}^2)\ldots(\sigma^2 - \sigma_n^2)}}\frac{1}{\Gamma(\frac{k}{2})}e^{-\frac{1}{2\sigma^2}\lambda^2} \quad \text{für } \lambda \to \infty.$$

Es ist naheliegend nach der Verbindung zwischen Beispiel 2 und Beispiel 4 zu schauen. Das Ergebnis von Beispiel 4 führt für $k = 1$ und mit $\Gamma(\frac{1}{2}) = \sqrt{\pi}$ (nutze zur Berechnung $\Gamma(x)\Gamma(1 - x) = \frac{\pi}{\sin(\pi x)}$) genau auf die Formulierung des aus Beispiel 2 resultierenden Satzes.

3.5 Beispiel 5

In diesem Beispiel seien die Komponenten x_i für $i = 1, \ldots, n$ des Gaußvektors X unabhängig $N(0, \sigma_i^2(\lambda))$- verteilt. die Varainzen können sich also in Abhängigkeit von λ verändern wie in Beispiel 3. Hierbei gelte für die Varianzen $\sigma_1^2 = \sigma_2^2 = \cdots = \sigma_k^2 = \sigma^2 > \sigma_i^2$ mit $1 < k < n$ und $i = k+1, k+2, \ldots, n$. Dann ist die Kovarianzmatrix ebenfalls eine Diagonalmatrix mit den Varianzen auf der Diagonalen. Für die Wahrscheinlichkeit $P(\|X\| \geq \lambda$ erhalten wir ähnlich wie im Fallbeispiel 4

$$P(\|x\| \geq \lambda) = \frac{1}{\sqrt{(2\pi)^n}}(\sigma(\lambda)^k\sigma(\lambda)_{k+1}\cdots\sigma(\lambda)_n)^{-1}\int_{\|x\| \geq \lambda} e^{-\frac{1}{2}(\frac{1}{\sigma(\lambda)^2}\Sigma_{i=1}^k x_i^2 + \Sigma_{i=k+1}^n \frac{x_i^2}{\sigma(\lambda)_i^2})}dx$$

Analog zum Fallbeispiel 4 ergibt sich

$$P(\|x\| \geq \lambda) \sim 2^{1-\frac{k}{2}}\lambda^{k-2}\frac{\sigma^{n-2k+2}}{\sqrt{(\sigma^2 - \sigma_{k+1}^2)\ldots(\sigma^2 - \sigma_n^2)}}\frac{1}{\Gamma(\frac{k}{2})}e^{-\frac{1}{2\sigma^2}\lambda^2}$$

für $\lambda \to \infty$. Kann auch hier die Bedingung $\sigma^2(\lambda) - \delta > \sigma_i^2(\lambda)$ mit $i = k+1, \ldots, n$ nicht erfüllt werden, so ist wie in Beispiel 3 nicht klar, ob eine geeignete Umgebung der Maximalstellen gefunden werden kann, sodass die Bedingungen für die Anwendung der Laplace- Methode erfüllt sind. Dazu werden andere Methoden notwendig sein. Es lässt sich also analog Satz 7 folgender Satz schreiben:

Satz 8. *Sei X ein n- dimensionaler Zufallsvektor. Die Komponenten von X, also x_i für $i = 1, \ldots, n$, sind unabhängig $N(0, \sigma(\lambda)_i^2)$- verteilt mit der Annahme, dass $\sigma(\lambda)_1^2 = \sigma(\lambda)_2^2 = \cdots = \sigma(\lambda)_k^2 = \sigma(\lambda)^2 > \sigma(\lambda)_i^2$ mit $1 < k < n$ und $i = k+1, k+2, \ldots, n$. Dann gilt:*

$$P(\|x\| \geq \lambda) = \frac{1}{\sqrt{(2\pi)^n}} (\sigma(\lambda)^k \sigma(\lambda)_{k+1} \ldots \sigma(\lambda)_n)^{-1} \int_{\|x\| \geq \lambda} e^{-\frac{1}{2}(\frac{1}{\sigma(\lambda)^2} \Sigma_{i=1}^k x_i^2 + \Sigma_{i=k+1}^n \frac{x_i^2}{\sigma(\lambda)_i^2})} dx$$

$$\sim 2^{1-\frac{k}{2}} \lambda^{k-2} \frac{\sigma(\lambda)^{n-2k+2}}{\sqrt{(\sigma(\lambda)^2 - \sigma(\lambda)_{k+1}^2) \ldots (\sigma(\lambda)^2 - \sigma(\lambda)_n^2)}} \frac{1}{\Gamma(\frac{k}{2})} e^{-\frac{1}{2\sigma(\lambda)^2} \lambda^2} \quad \text{für } \lambda \to \infty.$$

3.6 Beispiel 6

Man betrachtet nun einen Gaußvektor X, dessen Komponenten x_i $N(0, \sigma_i^2)$- verteilt aber abhängig sind mit $i = 1, \ldots, n$. Das heißt, die Kovarianzmatrix ist nun keine Diagonalmatrix mehr. Allerdings ist die Matrix symmetrisch, positiv- definit. Durch Hauptachsentransformation ist dieser Fall auf den im Beispiel 2 beschriebenen Fall zurückführbar. Es wird zunächst der **zweidimensionale** Fall betrachtet, so hat die Matrix B folgende Gestalt:

$$B = \begin{pmatrix} \sigma_1^2 & \rho\sigma_1\sigma_2 \\ \rho\sigma_1\sigma_2 & \sigma_2^2 \end{pmatrix}$$

mit dem Korrelationskoeffizienten ρ für den $|\rho| < 1$ gilt. Eine Korrelation beschreibt eine Beziehung zwischen zwei oder mehreren Merkmalen, Ereignissen oder Zuständen. Die Matrix besitzt zwei Eigenwerte μ_1 und μ_2. Diese ergeben sich wie folgt:

$$det(\begin{pmatrix} \sigma_1^2 - \mu & \rho\sigma_1\sigma_2 \\ \rho\sigma_1\sigma_2 & \sigma_2^2 - \mu) \end{pmatrix}) = \mu^2 - (\sigma_1^2 + \sigma_2^2)\mu + \sigma_1^2\sigma_2^2 - \rho^2\sigma_1^2\sigma_2^2 = 0$$

Und damit folgt:

$$\mu_{1,2} = \frac{\sigma_1^2 + \sigma_2^2}{2} \pm \sqrt{\frac{(\sigma_1^2 + \sigma_2^2)^2}{4} - \sigma_1^2\sigma_2^2 + \rho^2\sigma_1^2\sigma_2^2}$$

$$= \frac{\sigma_1^2 + \sigma_2^2}{2} \pm \sqrt{\frac{(\sigma_1^2 - \sigma_2^2)^2}{4} + \rho^2\sigma_1^2\sigma_2^2}$$

Es existiert eine orthogonale Matrix A sodass gilt:

$$A^T B A = \begin{pmatrix} \mu_1 & 0 \\ 0 & \mu_2 \end{pmatrix}$$

und

$$A^T B^{-1} A = \begin{pmatrix} \frac{1}{\mu_1} & 0 \\ 0 & \frac{1}{\mu_2} \end{pmatrix}.$$

Nun betrachtet man das Integral:

$$P(\|X\| \geq \lambda) = \frac{1}{(2\pi)} (\sigma_1^2\sigma_2^2 - \rho^2\sigma_1^2\sigma_2^2)^{-\frac{1}{2}} \int_{\|x\| \geq \lambda} e^{-\frac{1}{2}x^T B^{-1} x} dx.$$

Wieder mit Variablensubstitution $x = \lambda x'$ ergibt sich

$$P(||X|| \geq \lambda) = \frac{1}{(2\pi)}(\sigma_1^2\sigma_2^2(1-\rho^2))^{-\frac{1}{2}}\lambda^2 \int_{||x'||\geq 1} e^{-\frac{1}{2}\lambda^2 x'^T B^{-1}x'}\,dx'.$$

A ist eine orthogonale Matrix und damit $det(A) = 1$. Dadurch ist die folgende Koordinatentransformation $x' = Ax$ abstandsinvariant. Es ergibt sich:

$$P(||X|| \geq \lambda) = \frac{1}{(2\pi)}(\sigma_1^2\sigma_2^2(1-\rho^2))^{-\frac{1}{2}}\lambda^2 \int_{||x||\geq 1} e^{-\frac{1}{2}\lambda^2 x^T A^T B^{-1}Ax}\,dx$$

$$= \frac{1}{(2\pi)}(\sigma_1^2\sigma_2^2(1-\rho^2))^{-\frac{1}{2}}\lambda^2 \int_{||x||\geq 1} e^{-\frac{1}{2}\lambda^2(\frac{x_1^2}{\mu_1}+\frac{x_2^2}{\mu_2})}\,dx.$$

(Dieses Integral entspricht dem in Beispiel 2 beschriebenen für $n = 2$ und beachte μ_i haben Stellenwert von σ_i^2.) Damit ergibt sich, da $\mu_1 > \mu_2$:

$$P(||X|| \geq \lambda) \sim \sqrt{\frac{2}{\pi}}\lambda^{-1}\frac{\mu_1}{\sqrt{(\mu_1-\mu_2)}}e^{-\frac{1}{2\mu_1}\lambda^2}$$

für $\lambda \to \infty$ [vgl. 13, S. 47f.].

Nun soll dieser Fall auch auf $n - \textbf{\textit{Dimensionen}}$ verallgemeinert werden.

Die Kovarianzmatrix ist eine spd- Matrix und es gilt $B = B^T$. D.h. es existiert eine orthogonale Matrix A mit $A^T BA = H$ mit $H = diag(\mu_1,\dots,\mu_n)$. Es gilt $A^T A = E_n$ und $\mu_1,\dots,\mu_n$ sind Eigenwerte von B und es gilt $\mu_i > 0$ für $i = 1,\dots,n$. O.B.d.A. $\mu = \mu_1 = \mu_2 = \dots = \mu_k > \mu_i$ mit $i = k+1, k+2,\dots,n$. Dies darf angenommen werden, da, wie in Beispiel 4 aufgezeigt, die Formel von Beispiel 2 aus jenem folgt. Dann gilt für die Wahrscheinlichkeit:

$$P(||x|| \geq \lambda) = \frac{1}{\sqrt{(2\pi)^n det(B)}} \int_{||x||\geq\lambda} e^{-\frac{1}{2}x^T B^{-1}x}\,dx$$

Mit $x = Ay$, $||x||^2 = x^T x = y^T A^T Ay = y^T y = ||y||$ und $|det(A)| = 1$ folgt nach Beispiel 4 und $y = \lambda y'$:

$$P(||x|| \geq \lambda) = \frac{1}{\sqrt{(2\pi)^n det(H)}} \int_{||y||\geq\lambda} e^{-\frac{1}{2}y^T H^{-1}y}\,dy$$

$$= \frac{1}{\sqrt{(2\pi)^n}}(\mu^k\mu_{k+1}\dots\mu_n)^{-\frac{1}{2}}\lambda^n \int_{||y'||\geq 1} e^{-\frac{1}{2}\lambda^2\Sigma_{i=1}^n \frac{y_i'^2}{\mu_i}}\,dy$$

$$\sim \frac{1}{2^{\frac{k}{2}-1}}\frac{1}{\Gamma(\frac{k}{2})}\frac{\mu^{\frac{n}{2}-k+1}}{\sqrt{(\mu-\mu_{k+1})\dots(\mu-\mu_n)}}\lambda^{k-2}e^{-\frac{\lambda^2}{2\mu}} \text{ für } \lambda \to \infty.$$

für $\lambda \to \infty$ [vgl. 10, S. 4f.]. So lässt sich folgender Satz formulieren.

Satz 9. *Sei X ein n- dimensionaler Zufallsvektor. Die Komponenten x_i für $i = 1,\dots,n$ von X sind $N(0,\sigma_i^2)$-verteilt aber abhängig. μ_i für $i = 1,\dots,n$ seien die Eigenwerte der Kovarianzmatrix. O.B.d.A. ist $\mu_1 = \mu_2 = \dots = \mu_k = \mu > \mu_i$ mit $1 < k < n$ und $i = k+1, k+2,\dots,n$. Dann gilt:*

$$P(||x|| \geq \lambda) = \frac{1}{\sqrt{(2\pi)^n det(B)}} \int_{||x||\geq\lambda} e^{-\frac{1}{2}x^T B^{-1}x}\,dx$$

$$\sim \frac{1}{2^{\frac{k}{2}-1}}\frac{1}{\Gamma(\frac{k}{2})}\frac{\mu^{\frac{n}{2}-k+1}}{\sqrt{(\mu-\mu_{k+1})\dots(\mu-\mu_n)}}\lambda^{k-2}e^{-\frac{\lambda^2}{2\mu}} \text{ für } \lambda \to \infty.$$

3.7 Vergleich der Ergebnisse - Nachtrag

Nun sollen die Ergebnisse verglichen und kurz zusammengefasst werden. In dieser Ausarbeitung wurden normalverteilte Zufallsvektoren betrachtet, deren Normen größere Werte annehmen als ein bestimmtes λ und jenes λ strebt gegen ∞. Nun hat man dann die Wahrscheinlichkeit dafür betrachtet. Im zweidimensionalen Fall sieht die Sitaution für unabhängige Komponenten wie folgt aus:

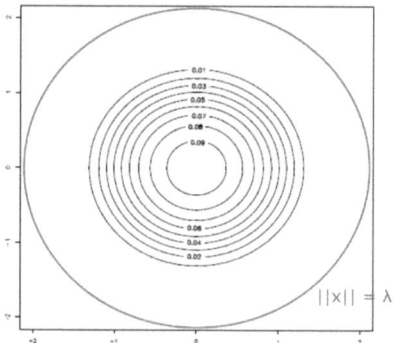

Abbildung 17: Höhenlinien für eine zweidimensionale Normalverteilungsdichte für unkorrellierte Merkmale und $\mu_1 = \mu_2 = 0$, $\sigma_1 = \sigma_2 = 1$.

Es ergibt sich nun auch anschaulich, dass an der Grenze des Gebietes $||x|| \geq \lambda$ bem vorliegen einer Standardnormalverteilung ein einheitliches Niveau vorliegt.
Ist $\sigma_1 > \sigma_2$ so entstehen als Höhenlinien Ellipsen und die Situation ändert sich. Nimmt man auch eine stochastische Abhängigkeit der Merkmale an so ergibt sich ebenfalls eine etwas andere Situation.

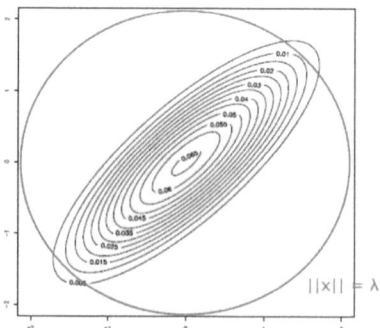

Abbildung 18: Höhenlinien für eine zweidimensionale Normalverteilungsdichte, $\rho = 0,8$, $\mu_1 = \mu_2 = 0$, $\sigma_1 = \sigma_2 = 1$.

Nun sind vier wesentliche Ergebnisse aufgekommen.

Aus Beispiel 1:

Sei X ein n- dimensionaler Zufallsvektor. Die Komponenten von X, also x_i für $i = 1, \ldots, n$, sind unabhängig standardnormalverteilt. Dann gilt:

$$P(||x|| \geq \lambda) = \frac{1}{\sqrt{(2\pi)^n}} \int_{||x|| \geq \lambda} e^{-\frac{1}{2}||x||^2} dx$$

$$\sim \frac{1}{2^{\frac{n}{2}-1}\Gamma(\frac{n}{2})} \lambda^{n-2} e^{-\frac{1}{2}\lambda^2} \text{ für } \lambda \to \infty.$$

Aus Beispiel 2:

Sei X ein n- dimensionaler Zufallsvektor. Die Komponenten von X, also x_i für $i = 1, \ldots, n$, sind unabhängig $N(0, \sigma_i^2)$- verteilt mit der Annahme, dass eine Komponente eine maximale Varianz aufweist. O. B. d. A. ist x_1 solche, d.h. $\sigma_1^2 > \sigma_i^2$ mit $i = 2, 3, \ldots, n$. Dann gilt:

$$P(||x|| \geq \lambda) = \frac{1}{\sqrt{(2\pi)^n}} (\sigma_1 \sigma_2 \ldots \sigma_n)^{-1} \int_{||x|| \geq \lambda} e^{-\frac{1}{2}\Sigma_{i=1}^{n} \frac{x_i^2}{\sigma_i^2}} dx$$

$$\sim \sqrt{\frac{2}{\pi}} \lambda^{-1} e^{-\frac{\lambda^2}{2\sigma_1^2}} \frac{\sigma_1^n}{\sqrt{(\sigma_1^2 - \sigma_2^2)(\sigma_1^2 - \sigma_3^2) \ldots (\sigma_1^2 - \sigma_n^2)}} \text{ für } \lambda \to \infty.$$

Aus Beispiel 4:

Sei X ein n- dimensionaler Zufallsvektor. Die Komponenten von X, also x_i für $i = 1, \ldots, n$, sind unabhängig $N(0, \sigma_i^2)$- verteilt mit der Annahme, dass $\sigma_1^2 = \sigma_2^2 = \cdots = \sigma_k^2 = \sigma^2 > \sigma_i^2$ mit $1 < k < n$ und $i = k+1, k+2, \ldots, n$. Dann gilt:

$$P(||x|| \geq \lambda) = \frac{1}{\sqrt{(2\pi)^n}} (\sigma^k \sigma_{k+1} \ldots \sigma_n)^{-1} \int_{||x|| \geq \lambda} e^{-\frac{1}{2}(\frac{1}{\sigma^2}\Sigma_{i=1}^{k} x_i^2 + \Sigma_{i=k+1}^{n} \frac{x_i^2}{\sigma_i^2})} dx$$

$$\sim 2^{1-\frac{k}{2}} \lambda^{k-2} \frac{\sigma^{n-2k+2}}{\sqrt{(\sigma^2 - \sigma_{k+1}^2) \ldots (\sigma^2 - \sigma_n^2)}} \frac{1}{\Gamma(\frac{k}{2})} e^{-\frac{1}{2\sigma^2}\lambda^2} \text{ für } \lambda \to \infty.$$

Aus Beispiel 6:

Sei X ein n- dimensionaler Zufallsvektor. Die Komponenten x_i für $i = 1, \ldots, n$ von X sind $N(0, \sigma_i^2)$-verteilt aber abhängig. μ_i für $i = 1, \ldots, n$ seien die Eigenwerte der Kovarianzmatrix. O.B.d.A. ist $\mu_1 = \mu_2 = \cdots = \mu_k = \mu > \mu_i$ mit $1 < k < n$ und $i = k+1, k+2, \ldots, n$. Dann gilt:

$$P(||x|| \geq \lambda) = \frac{1}{\sqrt{(2\pi)^n det(B)}} \int_{||x|| \geq \lambda} e^{-\frac{1}{2}x^T B^{-1} x} dx$$

$$\sim \frac{1}{2^{\frac{k}{2}-1}} \frac{1}{\Gamma(\frac{k}{2})} \frac{\mu^{\frac{n}{2}-k+1}}{\sqrt{(\mu - \mu_{k+1}) \ldots (\mu - \mu_n)}} \lambda^{k-2} e^{-\frac{\lambda^2}{2\mu}} \text{ für } \lambda \to \infty.$$

Man erkennt schnell, dass die asymptotisch gleichen Terme alle eine ähnliche Struktur aufweisen. Betrachte allein die Terme $e^{-\frac{1}{2}\lambda^2}$ aus Beispiel 1, $e^{-\frac{1}{2}\lambda^2 \frac{1}{\sigma^2}}$ aus Beispiel 4 und $e^{-\frac{1}{2}\lambda^2 \frac{1}{\mu}}$ aus Beispiel 6. Dennoch gibt es signifikante Unterschiede. Während bei der Asymptotik der Standardnormalverteilung der Term λ^{n-2} (siehe oben, rot markiert) auftaucht, indem die ganze Dimension eine Rolle spielt, treten in den anderen Beispielen unterschiedliche Potenzen von λ auf. So erhält man für unabhängige, normalverteilte Komponenten des Zufallsvektors mit maximalen Varianzen der ersten k Komponenten λ^{k-2} bzw. für $k = 1$ wie in Beispiel 2 den Term λ^{-1}. In Beispiel 6 liegt im Ergebnis der Term (analog wie in Beispiel 4) λ^{k-2} vor.

Welche Auswirkungen haben diese Terme auf die Konvergenz?
Betrachte zuerst die Terme λ^{-1} und λ^{n-2}: Es gilt:

$$\lim_{\lambda \to \infty} \lambda^{-1} = 0 \text{ und}$$

$$\lim_{\lambda \to \infty} \lambda^{n-2} = \begin{cases} 0, & \text{für } n = 1 \\ 1, & \text{für } n = 2 \\ \infty, & \text{für } n \geq 3 \end{cases}$$

Für den Quotienten aus den beiden betrachteten Funktionen von λ gilt:

$$\lim_{\lambda \to \infty} \frac{\lambda^{-1}}{\lambda^{n-2}} = \lim_{\lambda \to \infty} \frac{\lambda^{-1}}{\lambda^{n-1}\lambda^{-1}} = \lim_{\lambda \to \infty} \frac{1}{\lambda^{n-1}} = \begin{cases} 1, & \text{für } n = 1 \\ 0, & \text{für } n \geq 2 \end{cases}$$

Benutze die Landauschen Symbole, denn durch die Landauschen Symbole ist es möglich das Verhalten zweier Funktionen miteinander zu vergleichen. Das heißt, dass für $n = 1$ gilt, dass $\lambda^{-1} \sim \lambda^{n-2}$, und für $n \geq 2$ gilt, dass $\lambda^{-1} = o(\lambda^{n-2})$. Damit konvergiert das Ergebnis aus Beispiel 2 schneller als das Ergebnis aus Beispiel 1 mit $n \geq 2$ gegen 0 für $\lambda \to \infty$.

Betrachte als nächstes die Terme λ^{-1} und λ^{k-2}: Es gilt analog:

$$\lim_{\lambda \to \infty} \lambda^{-1} = 0 \text{ und}$$

$$\lim_{\lambda \to \infty} \lambda^{k-2} = \begin{cases} 0, & \text{für } k = 1 \\ 1, & \text{für } k = 2 \\ \infty, & \text{für } k \geq 3 \end{cases}$$

Für den Quotienten aus den beiden betrachteten Funktionen von λ gilt:

$$\lim_{\lambda \to \infty} \frac{\lambda^{-1}}{\lambda^{k-2}} = \lim_{\lambda \to \infty} \frac{\lambda^{-1}}{\lambda^{k-1}\lambda^{-1}} = \lim_{\lambda \to \infty} \frac{1}{\lambda^{k-1}} = \begin{cases} 1, & \text{für } k = 1 \\ 0, & \text{für } k \geq 2 \end{cases}$$

Das heißt, dass für $k = 1$ gilt, dass $\lambda^{-1} \sim \lambda^{k-2}$, und für $k \geq 2$ gilt, dass $\lambda^{-1} = o(\lambda^{k-2})$. Damit konvergiert das Ergebnis aus Beispiel 2 schneller als das Ergebnis aus den Beispielen 4 und 6 mit $k \geq 2$ gegen 0 für $\lambda \to \infty$.

Betrachte zum Schluss die Terme λ^{k-2} und λ^{n-2} und beachte, dass $k < n$:

$$\lim_{\lambda \to \infty} \frac{\lambda^{k-2}}{\lambda^{n-2}} = \lim_{\lambda \to \infty} \frac{\lambda^{k-2}}{\lambda^{n-2-(k-2)}\lambda^{k-2}} = \lim_{\lambda \to \infty} \frac{1}{\lambda^{n-k}} = 0$$

Das heißt, dass $\lambda^{k-2} = o(\lambda^{n-2})$ gilt. Damit konvergieren die Ergebnisse aus den Beispielen 4 und 6 und schneller als das Ergebnis aus Beispiel 1 gegen 0 für $\lambda \to \infty$.
Insgesamt ergibt sich, dass das Ergebnis aus Beispiel 2 am schnellsten gegen 0 konvergiert für $\lambda \to \infty$. Die Ergebnisse aus den Beispielen 4 und 6 konvergieren schneller als das Ergebnis aus Beispiel 1 gegen 0 konvergiert für $\lambda \to \infty$.

Literatur

[1] H. Degen, P. Lorscheid, Statistik- Aufgabensammlung, 3., überarbeitete Auflage. Oldenbourg Verlag, München, 1998.

[2] M. Gubisch. http://www.martingubisch.de/cms/upload/files/tutorien/ 09%20Kugelkoordinaten.pdf. Tutorium zu Analysis II. Universität Konstanz 2008. [Zugriff: 05.04.2012, 18:45 Uhr]

[3] T. Günzel. Restgliedbetrachtung im Zentralen Grenzwertsatz. Bachelorarbeit Universität Rostock 2010.

[4] C. Hagemann. Seminarausarbeitung: mehrdimensionale Laplace- Methode für Randmaxima. Universität Rostock 2012.

[5] N. Henze. Stochastik für Einsteiger - Eine Einfürung in die faszinierende Welt des Zufalls, 5., überarbeitete Auflage. Vieweg & Sohn Verlag/ GWV Fachverlage GmbH, Wiesbaden 2004.

[6] U. Küchler. http://www.math.hu-berlin.de/~kuechler/courses/SS07/Skript /kapitel11.pdf. Vorlesung an Humboldt- Universität zu Berlin 2007. [[Zugriff: 05.04.2012, 20:01 Uhr]]

[7] H. R. Lerche. http://www.stochastik.unifreiburg.de/Vorlesungen/vvSS2009/VorStochProFin/script/Kap02f.pdf. Vorlesung Stochastische Prozesse und Finanzmathematik. Universität Freiburg 2009. [Zugriff: 06.04.2012, 16:22 Uhr]

[8] D. Lübbert. http://www.luebbert.net/uni/statist/stata/statav5.php. Köln. [Zugriff: 05.04.2012, 21:55 Uhr]

[9] N. Meyer. Seminarausarbeitung: Mehrdimensionale Laplace- Methode für innere Maxima. Universität Rostock 2012.

[10] N.N. Seminarausarbeitung: Beispiele für Wahrscheinlichkeiten großer Abweichungen normalverteilter Zufallsvektoren. Universität Rostock.

[11] N.N.. http://www.stat.uni-muenchen.de/~leiten/Lehre/Material/Mulit _07/mehrdimZV.pdf. Universität München. [Zugriff: 06.04.2012, 6:03 Uhr]

[12] M. Sachs, Wahrscheinlichkeitsrechnung und Statistik - für Ingenieurstudenten an Fachhochschulen, 3.,aktualisierte Auflage. Fachbuchverlag Leipzig im Carl Hanser Verlag, München 2009

[13] J. Schumacher. Die Laplace-Methode und Wahrscheinlichkeiten großer Abweichungen. Jahresarbeit Universität Rostock 1988.

[14] M. Stirner. http://www.elektronik.htw-aalen.de/statistikerleben/indexi.php?top=top.txt&nav=nav_applets.htm&main =./grenzwertsatz/grenzwertsatz.htm. Universität Aalen 2005. [Zugriff: 05.04.2012, 17:00 Uhr]